U0299412

了不起的中国

—— 古代科技卷 ——

天文地理

派糖童书 编绘

化学工业出版社

·北京·

图书在版编目（CIP）数据

天文地理／派糖童书编绘. —北京：化学工业出版社，2023.9（2024.9重印）
（了不起的中国. 古代科技卷）
ISBN 978-7-122-43921-5

Ⅰ．①天… Ⅱ.①派… Ⅲ.①天文学史-中国-古代-儿童读物 ②地理学史-中国-古代-儿童读物 Ⅳ.①P1-092 ②K90-092

中国国家版本馆CIP数据核字（2023）第141511号

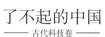

责任编辑：刘晓婷　　　　　　　　　　责任校对：王　静

出版发行：化学工业出版社（北京市东城区青年湖南街13号　邮政编码 100011）
印　装：河北尚唐印刷包装有限公司
787mm×1092mm　1/16　印张5　2024年9月北京第1版第2次印刷

购书咨询：010-64518888　　售后服务：010-64518899
网　　址：http://www.cip.com.cn
凡购买本书，如有缺损质量问题，本社销售中心负责调换。

定　　价：35.00元　　　　　　　　　　版权所有　违者必究

前　言

几千年前，世界诞生了四大文明古国，它们分别是古埃及、古印度、古巴比伦和中国。如今，其他三大文明都在历史长河中消亡，只有中华文明延续了下来。

究竟是怎样的国家，文化基因能延续五千年而没有中断？这五千年的悠久历史又给我们留下了什么？中华文化又是凭借什么走向世界的？"了不起的中国"系列图书会给你答案。

"了不起的中国"系列集结二十本分册，分为两辑出版：第一辑为"传统文化卷"，包括神话传说、姓名由来、中国汉字、礼仪之邦、诸子百家、灿烂文学、妙趣成语、二十四节气、传统节日、书画艺术、传统服饰、中华美食，共计十二本；第二辑为"古代科技卷"，包括丝绸之路、四大发明、中医中药、农耕水利、天文地理、古典建筑、算术几何、美器美物，共计八本。

这二十本分册体系完整——

从遥远的上古神话开始，讲述天地初创的神奇、英雄不屈的精神，在小读者心中建立起文明最初的底稿；当名姓标记血统、文字记录历史、礼仪规范行为之后，底稿上清晰的线条逐渐显露，那是一幅肌理细腻、规模宏大的巨作；诸子百家百花盛放，文学敷以亮色，成语点缀趣味，二十四节气联结自然的深邃，传统节日成为中国人年复一年的习惯，中华文明的巨幅画卷呈现梦幻般的色彩；

书画艺术的一笔一画调养身心，传统服饰的一丝一缕修正气质，中华美食的一饮一馔（zhuàn）滋养肉体……

在人文智慧绘就的画卷上，科学智慧绽放奇花。要知道，我国的科学技术水平在漫长的历史时期里一直走在世界前列，这是每个中国孩子可堪引以为傲的事实。陆上丝绸之路和海上丝绸之路，如源源不断的活水为亚、欧、非三大洲注入了活力，那是推动整个人类进步的路途；四大发明带来的文化普及、技术进步和地域开发的影响广泛性直至全球；中医中药、农耕水利的成就是现代人仍能承享的福祉；天文地理、算术几何领域的研究成果发展到如今已成为学术共识；古典建筑和器物之美是凝固的匠心和传世精华……

中华文明上下五千年，这套"了不起的中国"如此这般把五千年文明的来龙去脉轻声细语讲述清楚，让孩子明白：自豪有根，才不会自大；骄傲有源，才不会傲慢。当孩子向其他国家的人们介绍自己祖国的文化时——孩子们的时代更当是万国融会交流的时代——可见那样自信，那样踏实，那样句句确凿，让中国之美可以如诗般传诵到世界各地。

现在让我们翻开书，一起跨越时光，体会中国的"了不起"。

目 录

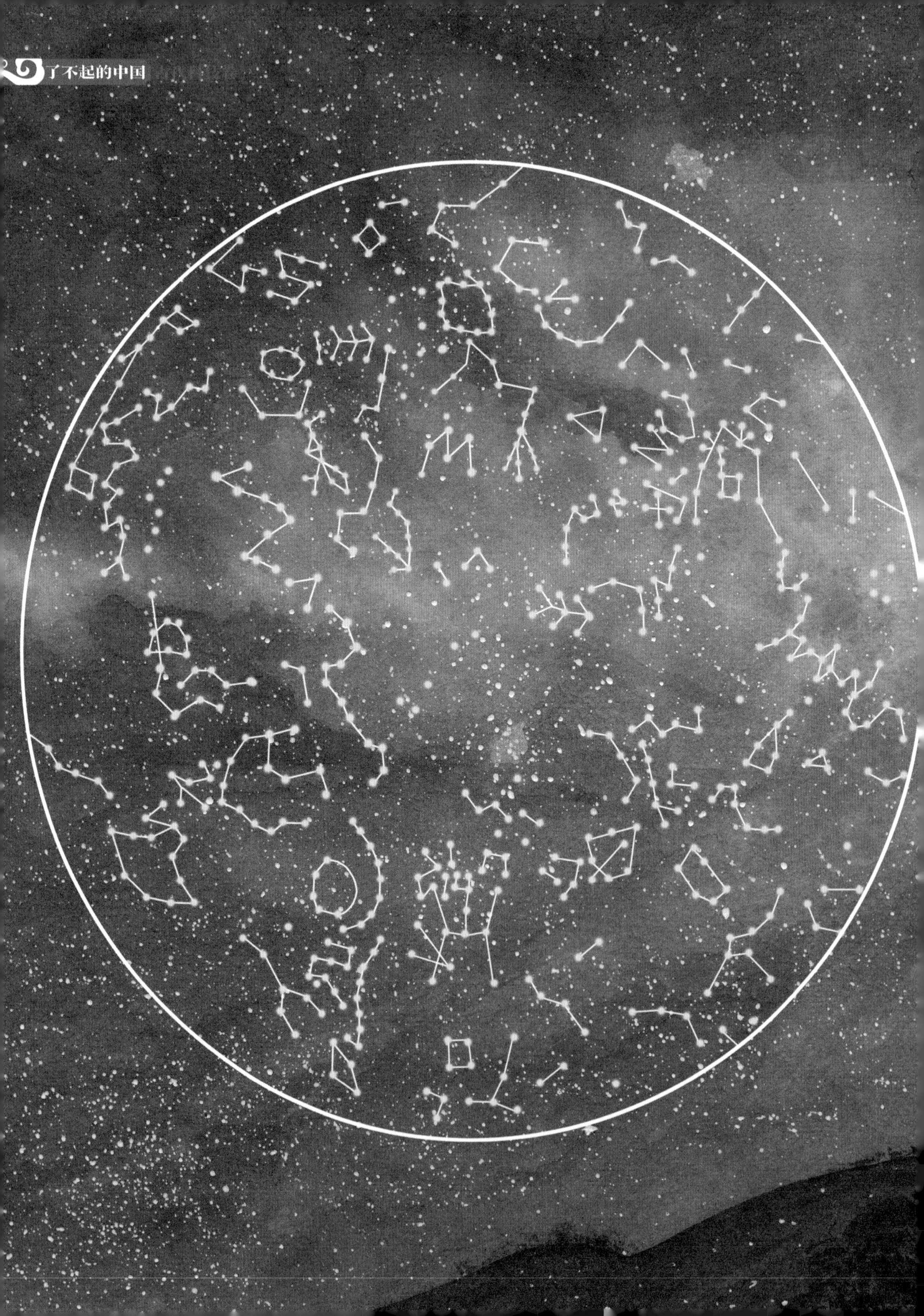

导　言

你听说过古代小朋友的启蒙读物《幼学琼林》吗？其中对宇宙有这样的描写："日月五星，谓之七政；天地与人，谓之三才。日为众阳之宗，月乃太阴之象。"

古人眼中的日月星辰是伟大而玄妙的，有着亘古不变的运转规律，地上的人们也应当遵守这些规律生产和生活，所以太阳、月亮、金星、木星、水星、火星、土星合起来被称为"七政"，是生活的指导和方针。

土地生长万物，气候也会影响作物生长，人类在享受天与地赐福的同时也努力劳作，让生活更好。在古人眼里，天、地与人都具有很强的创造力，所以天、地、人被称为"三才"。

古人认为万物源自"两仪"，一是"阳"，一是"阴"。太阳带来光明，带来白昼，带给我们热量，是全世界"阳"的开始；月亮升起，热量消散，夜晚随之来临，月亮便被认为是"阴"的象征。

人们头顶上的天穹无穷高、无穷远，脚底下的土地充满神秘，由此，古人探索山川地理，形成了对地球的初步认识，其中有很多理论一直影响到了今天。

中华民族一向敬畏自然，追求天人合一，所以我们一直探索天文地理，从古至今一向如是，莫不如此。

半坡遗址房屋复原图

我国古天文学的萌芽

生活在这片天空之下，不可能不注意到太阳和月亮的规律，原始时期的人们很早就开始根据日月变化调整生活。比如，在懂得自己搭建房屋之后，中原地区的人们会有意将房屋建在向阳的地方，在仰韶文化（距今约 7000 ~ 5000 年）半坡遗址中，所有用来居住的房间的门都是开在南面的，这样每间房子都能在一天的时间里晒到更多的太阳。

因为太阳东升西落，日夜交替，人们开始有了时间和日期的观念，同时划分四季并了解四季的循环，掌握四季的气候变化对农业的影响，以此顺应农时进行农业耕作。

由此可见，人们一直在摸索着上天的规律生活，古代天文学就这样懵懵懂懂地出现了。

天文与先民的习俗

在南方一些原始时期人类聚居的遗址中，人们惊奇地发现，那时的人们不仅对空间有了布局概念，而且连公墓的朝向也都是相同的，大多为西方。这从某一个角度可以理解为我们的祖先每天看到太阳从东方升起，认为东方代表着开始、朝气蓬勃、生命力；太阳在西方落下，标志着光明的消亡、黑夜的来临，也就自然象征着死亡了。

由此可见，太阳在先民心中已经不是普普通通的自然界伙伴，而是有着高深莫测的影响，人们已经对太阳产生了最初的敬畏。

天文与先民的艺术

原始的天文观除了对先人们的居所和墓葬产生影响，还进入了人们的日常生活中。很早以前，石器时代的人们就已经发明了陶器制作技术。在陶器的制作过程中，先人们会给陶器绘上一些带有装饰性质的图案。仰韶文化遗址出土了许多陶器，其中有很多绘制了天文图案，比如太阳纹、星月纹、六角星纹。在其中一个陶盆上，人们不仅用太阳作为装饰图案，甚至疑似绘制出了目前为止发现的最早的关于太阳黑子活动的图像。

仰韶文化陶罐

巫

和上天聊一聊

原始人类向太阳和月亮献上了最高的敬畏，同时，漫天的星斗既永恒又充满变数，它们有的闪烁不定，有的绕苍穹缓缓移动，有的则组成奇怪的图形，在某一时刻出现在天空中，又在某一天消失不见。更奇怪的是，还会有坠落的星和带着长尾的星——这些星星太过于深奥和奇妙了，让人们忍不住抬头去观望。那些漫漫长夜里，是这些星星的光芒映在人类的眼睛里。

先民们开始认为头顶的天空中有一个神明存在，"他"通过天象的变化来向地上的人类示警，告诉人类有哪些做得不对的地方。这种朦胧的意识经过时间的流转和不断发展，最终形成了"天人合一"的思想体系，一直深刻地影响着后世，其影响几乎贯穿了我国整个文明史。

为了了解天上神明的警示，先民中一些特殊的人物就承担起与上天"沟通"的职责，负责祭祀工作和占卜，这些人就是"巫"。尧帝时期（约 4500 年前）设置了天文官，专门负责对天象进行观察，同时依据天文现象所呈现的时间规律，指导劳动者安排劳动内容，这就是原始的农业授时。

中国最早的观象台

据记述"三皇五帝"时期重要事件的古书《尚书·尧典》记载，尧帝命令羲氏与和氏官员恭敬地遵从上天的旨意，按照日月的运行规律编制历法，使民众可以按时劳作。所谓"历法"，是指依照日月等星体运转的自然规律，来计算时间、预告季节变化和判断气候变化的一种法则。颁布历法就是"授时"，历法在我国古代始终是由帝王颁布的，这一传统一直延续到帝制社会结束。

2003 年，考古工作者在山西尧都陶寺遗址发现了一座古观象台遗迹，定名为"陶寺古观象台"。这个遗迹距今约 4700 年，属于"三皇五帝"传说时代。

陶寺古观象台由 13 根夯土柱子组成，从空中看，这些柱子排列成一个半圆形。考古工作者在原址制作了一个模型，通过这 13 根土柱之间的缝隙看太阳升起的具体方位。进行测试后他们发现，在冬至那天可以从第 2 个缝隙里看到日出，夏至那天可以在第 12 个缝隙里看到日出，从第 7 个缝隙里看到日出的那天不是春分就是秋分。这些观测结果可以帮人们确定季节和节气，以此安排农耕。

古观象台的发现印证了古籍的记载。据考古专家和天文学家推算，陶寺古观象台比英国巨石阵（约建于公元前 2300 年）的出现还要早近 400 年。

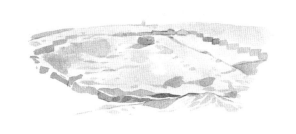

陶寺古观象台遗迹

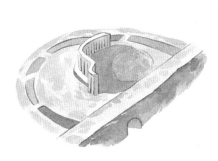

陶寺古观象台复原图

英国巨石阵

❀ 《甘石星经》

《甘石星经》成书于战国时期，是世界上最早的天文著作之一。齐国人甘德、魏国人石申是当时出色的天文学家，他们各自有一本天文学著作，分别是《天文星占》和《天文》。随着时间的流逝，甘德、石申的两本天文学著作散佚了，只有部分内容经后人整理，合成了一部著作，就是《甘石星经》。

甘德、石申等人对金、木、水、火、土五个行星的运行进行了观测，并总结出这五个行星运转的规律。甘德在那时就已经观测到了木星的卫星，并做了记录，比近代通过望远镜观测到木星的卫星早了大约两千年。

❀ 让星星映在地上

公元前212年，秦统一六国后的第九年，秦始皇开始建造上林苑朝宫，怎么造呢？法天象地。古人认为，天有九位，地有九域，天有三辰，地有三形，有象可效，有形可度。人间是上天规律的反映，皇帝盖房子，也要依照天空星斗设计地上的建筑。史书里记载，贯穿咸阳城的渭水仿佛天上的银河，阿房宫等宫殿就像天上的群星伴在银河左右，咸阳宫就像天上的帝座紫微垣，阿房宫就是营室星，横桥复道就是阁道星。

又如《三辅黄图》中记载西汉惠帝元年（公元前194年）重修长乐宫，城的南面像是南斗六星的形状，城的北面像是北斗七星的形状。

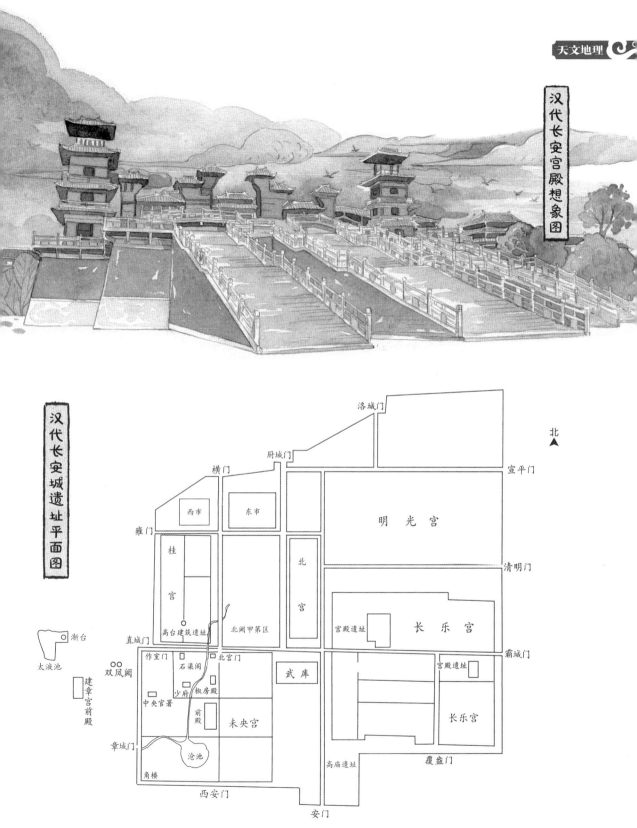

汉代长安宫殿想象图

汉代长安城遗址平面图

太阳和月亮

前面说过，太阳被古人认为是极阳的，月亮被认为是极阴的，阴和阳构成了世界。所以"日"叫"太阳"，"月"叫"太阴"。太阳和月亮对世界的指导作用主要体现在时间上，除此之外，古人不断地去尝试了解太阳和月亮，也由此产生了许多传说。

☁ 《灵宪》里的日与月

东汉科学家张衡在他的天文学著作《灵宪》里这样阐述：太阳像火，月亮像水。火发出光，水映出影（反射光）。所以，月亮有光是因为太阳的照射，月中的魄（暗影）出现在日光照不到的地方。月对着太阳的一面很明亮，背着太阳的一面就会黑暗。行星和月的性质相同，都像水一样反射日光。太阳照射出来的光并不总是能到达月亮，这是由于地球的遮挡出现了月食；行星遇到同样的情况就叫作"星微"；当月亮运动到太阳和地球中间时，就会出现日食。

张衡的表述蕴含中国传统文化的气质，我们不难发现，公元120年左右，天文学家已经可以充分认识到太阳产生光、月亮反射日光、月亮的周期运动、月食、星微、日食等现象，并对这些现象进行了非常科学的阐述。

◎ 沈括的太阳和月亮

中国古代非常著名的科学家宋代的沈括，曾记述了他和一位官员的对话。

那位官员问沈括："太阳和月亮的形状究竟是像弹丸一样的球形，还是像扇子一样扁平的？"

沈括回答说："太阳和月亮像圆球，月亮的盈亏可以验证。月亮本身不发光，就像个银球；它的光是从太阳光反射而来的。每当月初开始见到月光时，是太阳的光照到月亮侧面的缘故，因为只有月亮的侧面被光照到，所以月亮的形状像个钩子。太阳渐渐移远，它的光斜照在月亮上，从正面看月亮便成为满月，圆得像个弹丸。如果把一个圆球的一半用白色的粉涂上，从侧面看去，涂粉的部分就像半圆；如果从正面看去，它则是圆的。"

◎ 日冕和太阳风

日冕是太阳大气的最外层，在那里，高速的带电粒子不断挣脱太阳引力，向太空冲去，形成太阳风。古代曾有"三焰食日"和"像赤色的鸟夹着太阳飞行"的记录，说明我国古人很可能已经观测到日冕的变化，并进行了记录。

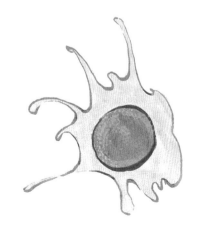

🌀 太阳黑子

太阳黑子其实并不是黑色的。太阳表面有时会聚集强磁场，产生强磁场的地方就会成为相对较暗的区域，被称为"太阳黑子"。太阳黑子的区域温度与太阳表面其他地方温度相比较低，持续时间也从几天到几星期不等。

我国古代对太阳黑子进行了比较详细的记录，从公元前28年左右开始，到1638年止，黑子记录达112次，形成了世界上最完整的黑子资料。

在古代的记载中，太阳黑子叫作"黑气""乌"，还描写了黑子像铜钱、像鸡蛋、像李子、像桃子。

🌀 三足金乌

神话传说中太阳里生活着神鸟，是长着三只脚的乌鸦的形态。这一传说很可能来自人们观测到了太阳黑子，并将它赋予神奇的想象。

人们还传说，天上的太阳原本有十个，它们居住在东海的扶桑神树上，每天三足金乌会载着其中一个太阳来天上"上班"，第二天换上另一个。直到有一天太阳们淘气，同时出现在天空中，结果被后羿射掉了其中九个，只剩下现在的一个太阳，才每天都要"上班"。

三足金乌

📀 月相

　　月亮本身是不会改变形状的，我们站在地球上观察它时，看到的阴晴圆缺其实和月亮被太阳光照亮的面积变化有关。

　　月亮圆缺变化的各种形状叫"月相"，一个完整的月相周期为29.5天。每个农历月初，月亮的背面被太阳照亮，我们就几乎看不到月亮，月亮悄悄地看着地球，细如弯钩，这时的月相叫"新月"，也叫"朔"。之后月亮一点一点"长胖"，变成了弯如蛾眉的"上蛾眉月"。再过几天，月亮成了半圆，弧面像弓臂，那似有若无的直线像弓弦，这时"弦"在月上，叫"上弦月"。然后月亮日渐丰满，变得像个桃核，叫"凸月"。等到月亮变得又圆又亮，就是"满月"了，也叫"望"，这个时候，一般是农历每月的十五左右。月亮从新月到满月，需要半个月的时间，这个过程叫"盈"。

　　满月之后，月亮逐渐变瘦，这个过程叫"亏"。之后，月相依次是"凸月"、"下弦月"和"下峨眉月"（又称"残月"），最后回归到"新月"。

月相

日食、月食和天狗

现在，如果遇到新闻里说的"百年难得一见""数十年难得一见"的天文现象，小朋友一定会欢呼雀跃，家长和老师们也会组织小朋友进行观看，比如日食、月食、流星雨等。我们的先人在很早的时候就已经发现了这些奇妙的天文现象，并留下了生动的记载。那么他们是怎么看待这些特殊的天文现象的呢？是不是也像我们一样高兴？

◎ 天狗食月

日、月在天上，明亮而永恒，但也会有突发事件，比如日食、月食。发生日食的时候，天空渐渐变暗，本来不能直视的太阳消失了。古代的天文学家透过打磨后的黑色水晶，观察到太阳正像一张饼一样慢慢被"吃"掉。人们便传说天上有一条天狗，日食或月食就是它一口一口把太阳或者月亮吃掉了。古人认为发生日食和月食是非常不吉利的事情，会威胁到帝王的统治或者身家性命，破坏世间万物生长的秩序。于是人们敲锣打鼓吓唬天狗，让它把太阳或月亮吐出来。

正因为有天狗吃太阳或吃月亮的传说，所以，本来应该称为"日蚀""月蚀"更为恰当的天文现象，就被叫作"日食""月食"了。

为什么会发生日食或者月食

当月球正好运行到地球和太阳中间，三者连成一条直线，那些本该照射到地球上的太阳光被月球挡住了，所以地球上的人们才会看到日食。日食分为日全食、日偏食、日环食。

月食则是因为地球恰好运行到太阳和月亮之间，挡住了太阳照射向月球的光，月亮就有一部分出现了暗影。因为被挡住的大小和位置不同，月食也有偏食、全食之分。

赶走天狗

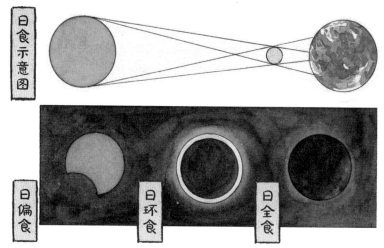

🌀 关于日食、月食的记载

在甲骨文中就有关于日食和月食的记载，近现代甲骨学家董作宾先生通过研究将这些记载整理了出来：月食曾分别发生在公元前 1361 年、公元前 1342 年、公元前 1328 年、公元前 1311 年、公元前 1304 年和公元前 1217 年，日食发生在公元前 1217 年。这些记录都被证实是正确的。

古代统治者十分重视日食、月食的预报和记录，夏朝有一个天文官因为漏报了一次食相，就被砍了头。我们的先人记录日食十分详细，使得我国拥有全世界最早、最完整、最全面的日食记录。不算甲骨文资料，到清朝为止，所有日食记录加起来有一千多条。

战国天文学家石申已经得出日食与月亮有关的结论，他教人们根据月亮与太阳的位置变化来预报日食。到了西汉，天文学家刘向则得出了日食是由于月亮遮蔽的理论（《五经通义》："日蚀者，月往蔽之。"），这已经非常接近正确解释了。

五　星

现在，利用高级的天文设备，人类已经观测到的星系约有1250亿个，每个星系又包含几百到几万亿颗星星。而在遥远的封建社会初期，观测仪器远远没有现今这么发达，但是我国古人仍然取得了巨大的成就。

八大行星

太阳系有八大行星，按距太阳由近到远排列，顺序为水星、金星、地球、火星、木星、土星、天王星、海王星。

其中，水星、金星、火星、木星、土星五大行星很早以前就被古人观测到了，而且这五星非常重要，古人甚至认为它们的运行规律决定着人间的命运。

天王星是近代用望远镜观测到的，海王星是通过数学计算测算出来的，都不是仅凭肉眼就能发现的行星，我们就不难为古人了。

💠 水星

水星和太阳十分亲密，总在太阳附近活动，它与太阳的角距（在地球上分别与水星、太阳连线形成的夹角）最大不超过 30 度。古时候将 30 度叫一"辰"，所以水星在古时候的名字为"辰星"。

水星在太阳升起的时候才会出现，在日出或日落前很短的时间里或光线较弱时，人们才会在红红的太阳附近发现它。

💠 金星

金星是天空中最亮的星，在夜空中就是一个小白点，所以它在古代被称作"太白"。和水星一样，我们也只能在清晨或者傍晚的时候看到它。清晨的它被称作"启明"，傍晚的它被称作"长庚"。

💠 太白金星

"太白"和"金星"都是金星的名字，古老的传说里，金星是一位武神。到了明朝，太白金星的形象演变成一位白胡子老爷爷。《西游记》里跟孙悟空打交道，负责替玉皇大帝传信的就是他。

诗仙李白字太白，据说是他将要出生的时候，其母亲梦见了金星入怀，才起了这个名字。

火星

火星呈现红色，荧荧如火，同时它又是一个捣蛋鬼：有时顺行，有时逆行，让人们感到迷惑，所以火星在古代被称作"荧惑"。

木星

木星也叫"岁星"，它的公转周期大约是 12 年，因此，古人将木星的运行分为十二站，称为"十二岁次"，一个周期称为一"纪"，这是先民制定日历的重要参考。直到现在，人们还在用十二作为年岁的循环。这些岁名也用来代表一年的十二个月和一天的十二个时辰。

土星

土星古时候叫"镇星"，因为土星每 28 年运行一个轮回（土星的实际公转周期约是 29 年半），对应天上的二十八星宿，每一年都有一个星宿需要土星去坐镇。

星神降临

古人的想象力太丰富了，他们不仅把星星想象成神，各有各的性格，而且这些星神还会降临到人间，当一回人类游历一番。比如，有一些传说里将辅助汉朝开国的神秘人物黄石公认定为土星转世，还有人将汉武帝的一位谋士东方朔视为金星临凡。

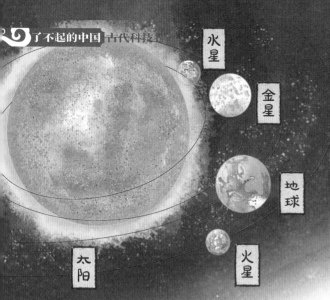

水星

金星

地球

太阳

火星

顺行还是逆行

现在经常会听到有人说，"水逆"啦，又要倒霉啦！"水逆"是指水星逆行。行星顺行或逆行的现象在古时候就被天文学家观察到了，之所以出现逆行，只是因为各个行星绕日公转的速度和距离不一样，我们在地球上观测，相对速度不同，就会出现错位。简单来说，就是当我们的地球或者其他行星在自己的轨道上"弯道超车"的时候，就会产生行星逆行的现象。而这种科学解释在南宋《朱子全书》中已有说明。

古人将行星运行方向向前的称为"顺"，向后的称为"逆"，上升称为"出"，方向改变称为"返"，隐没不见称为"入"，短距离的逆行称为"缩"，快速前进称为"赢"。由"顺行"变为"逆行"或者"逆行"转为"顺行"时，行星短时间内看起来会定在天上不动，被称为"留"。

古人对行星逆行的观测记录较多的是逆行较明显的火星，而现代人总挂在嘴边的水逆则最难观测。

北斗七星

　　现在能找到的关于北斗七星的文字记录大约在先秦时代。北斗七星由七颗明亮的星星组成，排列的形状就像古人舀酒用的斗，而且这个"酒斗"始终在北方的夜空中盘桓，"北斗七星"因此而得名。

　　北斗七星从斗端开始，到斗柄的末尾，按顺序分别是：天枢、天璇（xuán）、天玑（jī）、天权、玉衡、开阳、摇光。这七颗星的亮度都很高，最亮的是玉衡，最暗的是天权。即便是天权，也是夜空中的三等星，在漆黑一片的夜空里十分显眼。

　　北斗七星太显眼了，人们发现它们总是绕着北方的天空转圈圈，不会没入地平线以下，怎么转都似乎围绕着一个固定的中心，永远不变。这种变化中的永恒让人着迷，人们想象北斗七星就是天上的诸侯，也是天帝的车子，天帝就驾着这辆车子到四方巡视，确定四时四季。人们还总结出了规律，先秦古籍《鹖（hé）冠子》里就说："斗柄指东，天下皆春；斗柄指南，天下皆夏；斗柄指西，天下皆秋；斗柄指北，天下皆冬。"

铜酒舀

天枢

天权

北斗七星

开阳

玉衡

天璇

摇光

天玑

🌀 北极星

从北斗七星的"天璇"通过"天枢"向外延伸一条直线，大概是"天璇"和"天枢"线段的 5 倍延长线，会直直地指向一颗明亮的星——北极星。北极星也叫"北辰"，位于北天极，位置非常稳定，长期以来给人们指引正北的方向。

北极星太重要了，在各种天体里只有它固定不动，连那么耀眼的北斗七星都围着它转，人们认为它就是星空的中心，天帝所在的地方，所以北极星也叫"紫微星"，是帝星。

孔子说："为政以德，譬如北辰，居其所而众星拱之。"意思是施行德政的统治者就像北极星一样，保持着所在的位置，众星（群臣百姓）都会围绕拱卫。

🌀 南斗六星

有北斗也就有南斗。南斗是六星，在中天偏南一点的地方可以看到，也是个酒勺的样子，这六颗星分别是天府、天梁、天机、天同、天相、七杀。南斗六星不像北斗七星那么亮，不过它们与北斗相呼应，作用也很重要。古人认为南斗六星可以预示人的生死，尤其是帝王将相的命运，因此影响也十分深远。

汉武梁祠石刻北斗七星（约 147 年）小妖手持的小星是第六颗星开阳的伴星，名叫"辅"。辅与开阳总是如影随行。

"扫把星"真的不吉利吗？

古时候有这么一种说法，说谁家遭遇了不幸是惹上了"扫把星"的缘故。"扫把星"确实是存在的，它就是彗星，因为它有着与众不同的尾巴，就像拖着一条扫把，所以俗称"扫把星"。而"彗"这个字，就是扫把的意思。

彗星也是环绕太阳运行的一类天体，它们的质量非常轻，大多数由冰和灰尘构成，长时间在太阳系广大的空间里运行，只有接近太阳时才可能被我们发现。当它们靠近太阳时，自身的物质会因受到辐射而升华，形成长长的彗尾。也就是说，"扫把星"的"扫把"不是奇怪的现象，而是彗星被太阳"烤化了"。

彗星太显眼了，古人惧怕它们，便将彗星的出现和一些不好的事情联系到一起。比如《史记》里记载，秦王政七年（公元前240年），有一颗彗星先是出现在东方，后来在北方，五月又跑到西方去了，紧接着就记录了将军蒙骜（áo）去世。后来，彗星在西方又出现了16天，就接着记录了夏太后去世，也无怪乎民间会将"扫把星"看成霉运的征兆了。

哈雷彗星

彗星有很多，包括许多周期彗星，就是准时准点地光临地球的彗星，其中比较著名的就是哈雷彗星了。

这颗彗星之所以得名，是因为英国天文学家爱德蒙·哈雷首先测算出了它每76.1年回归一次，这也是唯一一颗在人的一生当中，可能两次观测到的彗星。

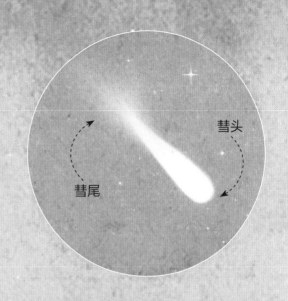

我们的先人很早就已经注意到了哈雷彗星的存在。目前最早的记录是在西汉淮南王刘安所编撰的《淮南子·兵略训》中："武王伐纣，东面而迎岁，至汜（sì）而水，至共头而坠。彗星出，而授殷人其柄。时有彗星，柄在东方，可以扫西人也！"根据我国科学家推论，这应该是公元前1057年哈雷彗星回归的记录。

彗星的尾巴

彗星的尾巴总是背向着太阳，这一点也是中国人最早观测到的。在唐代，中国的文献中已经有了这样的记录："凡彗星晨出则西指，夕出则东指，乃常也。"意思是早上太阳在东边，彗星的尾巴一定朝西；晚上太阳在西边，彗星的尾巴一定朝东。

一起去看流星雨

流星

彗星的残片和太空中其他微粒经过地球时，有可能会被地球的引力吸引过来，坠入大气层。这些物体与大气产生剧烈摩擦而燃烧，在天空中形成一道道光。这些大气层的"闯入者"就是流星体，那些光轨就是流星。单个出现的流星，其方向和时间都是随机的，被称为"偶发流星"。想要看到它们，就只能凭借偶然间抬头的运气了。

如果流星体没有燃烧干净，就会跌落到地面上，成为陨（yǔn）星，主要成分是石的叫"陨石"，主要成分是铁的叫"陨铁"。

如果在一段时间里有大量流星划过天空，就是流星雨了。流星的运动轨迹是平行的，但从地球的角度看，就好像它们是从天空的一点辐射出来的一样。人们用这个辐射点就近的星座（1930年国际天文学联合会所确认的）来命名流星雨，比如牧夫座流星雨、狮子座流星雨等。这些流星其实和名称里的星座并没有什么关系。相较于单个的"偶发流星"，流星雨是一个周期性的天文现象，比如英仙座流星雨，会在每年的7月20日到8月20日前后出现。

🌀 古籍中的流星雨

我国古代天文学家是最早记载流星雨的一批人。在古书《竹书纪年》中提到夏朝大王癸在位的第十五年，"夜中星陨如雨"，这是世界上最早的关于流星雨的记录。《春秋左氏传》中记载，在春秋时期鲁庄公在位第七年夏季的一个夜晚，天上原本明亮的恒星都消失了，到了半夜，星星像下雨一样陨落。这是世界上最早的关于天琴座流星雨的记载。唐朝的《新唐书·天文志》中记载了公元714年的一场英仙座流星雨："开元二年五月乙卯晦，有星西北流，或如甏（瓮，wèng），或如斗，贯北极，小者不可胜数，天星尽摇，至曙乃止。"

古人认为流星和流星雨代表着星星生命的完结，是一种异象，是人间发生灾变的重要参考。因此每当流星雨发生时，史官都要尽可能详尽地记录下来。

流星雨

古人很早的时候就已经认识到了陨星是流星的残余，还起了一些具有神话色彩的别名，称之为"天犬""雷公石斧"等。在西汉，《史记·天官书》中明确记载："星陨至地，则石也。"北宋时期，沈括所著的《梦溪笔谈》中记载了这么一个故事：在宋英宗治平元年（1064年）爆发了一次流星雨。事情发生在常州，在接近日落的时候，天上突然发出了一声炸雷一样的响声，人们抬头看天发现了一颗很大的星星，几乎和月亮一样大，挂在天空的东南方向。过了一会儿又炸了一声，这颗星星又跑到了西南方向。然后，伴随着巨大的声响，它坠落在了常州宜兴县许家的花园里。当时火光冲天，很远都能看到，许家花园的围篱都被烧掉了。待到火焰熄灭，只见地上有一个碗大的洞，极深，里头有一颗陨星在发着红光，过了很久才渐渐暗淡下来，但是依然烫得让人难以接近。后来人们挖开了这个窟窿，得到了一块拳头大的圆形的石头，像一个梨子，颜色和重量都像铁。常州太守郑伸将这块陨星送到了润州的金山寺，存放在匣中，游人可以参观。

陨星

二十八星宿

古代天文学家把周天繁星规划出了星官，一共有三垣、二十八星宿和其他星官。

"垣"是城墙的意思，三垣分别是上垣（太微垣）、中垣（紫微垣）、下垣（天市垣），就好像天上的宫室和城墙。其中紫微垣就是包括北极星的那个星垣。

古代天文学家将二十八星宿又分成四宫，分别用四种灵兽代表：青龙、白虎、朱雀、玄武，叫"天之四灵，以正四方"。每宫里各有七个星宿，总数是二十八。

四灵

东方属木，青龙星宿位于东边，是春天的象征；南方属火，朱雀星宿主宰南方；西方属金，白虎星宿镇守西方；北方属水，玄武星宿在北方。青龙和白虎比较好理解，朱雀是一种红色的大鸟，玄武是一种像蛇又像龟的神兽。

先民还将天上的星宿幻化成神兽，比如角木蛟、斗木獬（xiè）、昴（mǎo）日鸡等，它们有很多传奇故事，后来失散了不少。不过，我们可以根据它们的名字大概想象一下先民眼中热闹的星空。

二十八星宿

宫	序次	宿名	对应动物	星数	距星
东方青龙	1	角宿	角木蛟	2	角宿一（室女座 α）
	2	亢（kàng）宿	亢金龙	4	亢宿一（室女座 κ）
	3	氐（dī）宿	氐土貉（mò，同"貊"）	4	氐宿一（天秤座 α²）
	4	房宿	房日兔	4	房宿一（天蝎座 π）
	5	心宿	心月狐	3	心宿一（天蝎座 σ）
	6	尾宿	尾火虎	9	尾宿一（天蝎座 μ¹）
	7	箕（jī）宿	箕水豹	4	箕宿一（人马座 γ）
北方玄武	8	斗宿	斗木獬（xiè）	6	斗宿一（人马座 φ）
	9	牛宿	牛金牛	6	牛宿一（摩羯座 β）
	10	女宿	女土蝠	4	女宿一（宝瓶座 ε）
	11	虚宿	虚日鼠	2	虚宿一（宝瓶座 β）
	12	危宿	危月燕	3	危宿一（宝瓶座 α）
	13	室宿	室火猪	2	室宿一（飞马座 α）
	14	壁宿	壁水貐（yǔ）	2	壁宿一（飞马座 γ）
西方白虎	15	奎（kuí）宿	奎木狼	16	奎宿一（仙女座 η）
	16	娄（lóu）宿	娄金狗	3	娄宿一（白羊座 β）
	17	胃宿	胃土雉（zhì）	3	胃宿一（白羊座 35）
	18	昴（mǎo）宿	昴日鸡	7	昴宿一（金牛座 17）
	19	毕宿	毕月乌	8	毕宿一（金牛座 ε）
	20	觜（zī）宿	觜火猴	3	觜宿一（猎户座 λ）
	21	参（shēn）宿	参水猿	7	参宿一（猎户座 ζ）
南方朱雀	22	井宿	井木犴（àn）	8	井宿一（双子座 μ）
	23	鬼宿	鬼金羊	4	鬼宿一（巨蟹座 θ）
	24	柳宿	柳土獐	8	柳宿一（长蛇座 δ）
	25	星宿	星日马	7	星宿一（长蛇座 α）
	26	张宿	张月鹿	6	张宿一（长蛇座 μ）
	27	翼宿	翼火蛇	22	翼宿一（巨爵座 α）
	28	轸（zhěn）宿	轸水蚓	4	轸宿一（乌鸦座 γ）

希腊字母读音简表

大写	小写	汉语名称
A	α	阿尔法
B	β	贝塔
Γ	γ	伽马
Δ	δ	德尔塔
E	ε	诶普西隆
Z	ζ	截塔
H	η	伊塔
Θ	θ	西塔
I	ι	约塔
K	κ	卡帕
Λ	λ	兰姆达
M	μ	缪
N	ν	纽
Ξ	ξ	克西
O	o	奥密克戎
Π	π	派
P	ρ	肉
Σ	σ,ς	西格马
T	τ	陶
Υ	υ	宇普西隆
Φ	φ,ϕ	斐
X	χ	希
Ψ	ψ	普西
Ω	ω	欧米伽

二十八宿序次据《淮南子·天文训》。

距星：二十八宿中每宿的一颗用于测量天体赤经位置的标志星。这里用现代天文学通用名称标注，以便小朋友对应查找。

✿ 黄道

地球是绕着太阳公转的，从地球上观察，太阳一年中在天空中的运行轨迹，就是黄道。

用同样的方式观察，月亮的运行轨迹就叫"白道"。

✿ 牵牛星和织女星

牵牛星和织女星同在牛宿，中间隔着银河。牵牛星也叫"河鼓二"，是天鹰座 α 星；织女星也叫"织女一"，是天琴座 α 星，是其中最亮的一颗恒星。

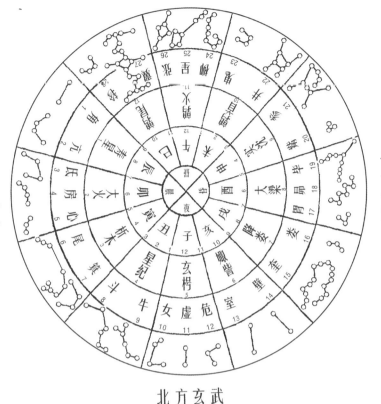

中间图注（顶部）：南方朱雀

右侧：西方白虎

左侧：东方青龙

底部：北方玄武

外环：二十八星宿及序号
中环：十二次
内环：十二地支及十二时序

 十二次

为方便确认天体位置，古天文学家将黄道带分为十二个部分，叫"十二次"。

 七月流火

"七月流火"现在常被人们误用成形容夏天非常热的词。其实"七月流火"出自《诗经》，全句是"七月流火，九月授衣"。流火指的是一颗叫"大火"的星星，就是心宿二（天蝎座 α 星）。这是一颗红超巨星，是在夜空中呈现红色的一等亮星。这句诗的意思是七月的时候，大火星西沉，消失在天际，天气逐渐转凉，而九月的时候，就该发御寒的衣物了。

宇宙的样子

天空和大地究竟是什么形状的？宇宙究竟是什么？这两个问题曾在我国战国和两汉时代的天文学界展开过激烈争论。

东汉时候，学问家蔡邕（yōng）总结了当时持不同宇宙观点的学说有三：周髀（bì）说（盖天说），宣夜说，浑天说。宣夜说在当时已经中断，没有继承者了；周髀说的计算方法很厉害，但天体理论有错误，论据也不足；因此官方天文学家还是认为浑天说的理论更接近真理。

我们来看一看这三派究竟都是怎么说的吧，也请你来判断一下，哪个学说更接近真理。

"盖天说"——天空像个大伞

5世纪末，天文学家祖暅（gèng，著名天文学家、数学家祖冲之的儿子）给周髀说又起了一个名字，叫"盖天说"，这个名称比较通俗，也很好记。

盖天说的起源非常早，大概在商末周初，可能是三种学说中最古老的一种。早期的盖天说符合人眼的观察，认为天空是一个鸡蛋壳，地面是一个棋盘，天圆，地方，日月星辰缀在"鸡蛋壳"之上，山川河流和人类在地面上。盖天说学派的学者在这个基础上继续推测，说天是由柱子支撑起来的，整个天穹就好像一个华盖（帝王将相车上的豪华伞盖）。后来，神之间的战斗破坏了撑天的柱子，天倾西北，地陷东南，纵使女娲补好了天上的窟窿，修好了撑天的柱子，但日月星辰开始流转，江河向大海流去，世界才变成现在这个样子。

后来，盖天说继续发展，天穹还是个伞盖，但大地很可能不是平的，而是一只倒扣的碗，天包住了地，二者之间相距八万里，北极就在天盖的正中，人住的地方在大地的正中。雨水从天而降，汇聚成河流向四方流去，天和地两个圆盖之间连接的地方就是河流汇聚而成的海洋。

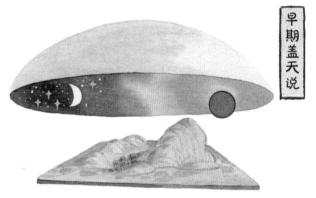

盖天说（也即周髀说）大量运用了数学算法，周髀的"髀"指直角三角形的直角边，也就是测日影用的"表"，这种建立数学模型的研究方法在当时非常有影响力。

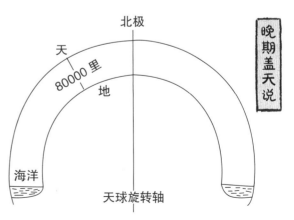

⊙ "宣夜说"——宇宙是无穷的

根据记载，东汉的郗（xī）萌曾经记述过先人的宣夜说，但在那时，宣夜说只是一个"传说"，没有学者继承这一学说。

宣夜说的观点里，说天无边无界，是无限的；人的眼睛是有局限的，所以在人眼里，天显出了幽深的蓝色，这就像人观看远处的山也是蓝色的一样，但并不是说蓝色是山的本色。

日月星辰自由地浮在空中，或运行，或静止，它们都是由气积聚而成的。这些天体的运动各有各的规律，所以它们并没有绑缚在什么东西上面，如果它们都缀附于天盖，那么就不会这样自由了。

这之后的天文学家虞喜（281—356年，东晋人，最早发现岁差）尊重宣夜学说，他说："我认为，天是无限高的，地是无穷深的，它们都是安定的永恒。天和地相互覆盖，如果有一个是方的，那么另一个也是方的；如果有一个是圆的，那么另一个也应该是圆的，没有一个方一个圆的道理。星星是分散的，按照自己的轨道运转，就像江海有潮汐，万物有时出现，有时隐匿起来一样。"

宣夜说的提出者对天与地显示出了更加敬畏的态度，我国的道家思想被这一学说深深地影响着。

"浑天说"——我们生活在一个"鸡蛋"里

东汉著名科学家张衡在他的著作中详细介绍了浑天说。

天像一个鸡蛋，圆得像弓弩的弹丸；地就像蛋黄，位置居中。天大地小，天靠气支撑，下边有水，地就浮在水上。天的一半在地的上面，另一半在地的下面，所以我们只能在同一时刻看到二十八星宿的一半。天的两端是南、北极，北极在天的当中。天的转动如同车轴的旋转一样。

浑天说认为星空中所有的星星都布于一个"天球"上，而日月五星则附于"天球"上运行，这与现代天文学的天球概念十分接近。在古代，对于恒星的升起落下，日月五星位置的相对移动，都采用浑天说体系来描述，所以，浑天说不只是一种宇宙学说，而且是一种观测和测量星星运动的计算体系。由此，天文学家发明了浑仪和浑象（见第 39 和 40 页）。

浑天说

古人怎么观察星星？

太阳在东方升起，在西方落下，每一个时刻太阳的位置都是不同的。太阳照射在室外物体上，物体的影子会随着季节的变化和时间的不同而长短不一，方位也在不断发生着变化。先人根据太阳的影子发现了许多奥秘。

◎ 最古老的天文仪器是一根棍儿

最古老的天文仪器是一根直立在地上的棍儿，叫"表"。这根棍儿可以在白天观测太阳影子的长度，晚上可以测量恒星的位置，以计算恒星周期。

如果是将石柱立在地上，就叫"碑"，也叫"髀"，《周髀算经》里就是这样写的。

原始圭表

◎ 圭表

最早人们用尺来测量表的投影，可是在很早以前，尺并不是一种统一的测量工具，人们就特制了一种标准玉板"表影样板"，专门用来做天文观测，这个玉板就叫"圭"。祖暅将两种工具合起来，就是圭表。很好记，直立起来的是表，平放在地面的、有刻度的是圭。

圭表的观测从很早以前就开始进行了，《周礼》中记录了人们由此观测到的冬至日、夏至日的影长，发展到汉代，二十四节气的影长数据就都有了记载，可见古代天文学的发展还是很迅速的。

圭表

☁ 日晷

圭表用来测定季节，古人还利用相同的原理发明了"晷（guǐ）表"，即"日晷"，也就是太阳钟，用来测定时间。

日晷由一个石制的圆盘（底板）以及中心垂直于圆盘的铜制表针组成，它看起来有点像现代的时钟，只是表针是直立起来的。另外也有方形底板、倾斜表针的日晷，功用是类似的。

用日晷测定时间时，大多数是根据日影的方向，不在乎日影的

日晷

长短。投影指向什么刻度，就是什么时辰。据文字记载，至少在西汉时期，日晷就投入使用了。因为日晷只能在白天、晴天工作，受天气影响比较严重，所以同时配合日晷计时的还有圭表、滴漏（一种用水来计时的仪器）和一大群有学问的人，这样授时工作就会更加精准。

现在，人们到各地的古迹参观，还会见到古代留下的各式各样的日晷，北京故宫里就有，比如太和殿、乾清宫前都有日晷。清朝宫廷早已有了西洋钟表，包括一座非常少见的、巨大的自鸣钟。这些机械钟表计时更加准确，但那些古老的石制日晷仍摆放在宫廷里，说明日晷早已不仅仅是计时工具，还是礼制的体现、地位的象征。

故宫日晷

浑仪——发现星星的家

古人根据浑天说发明了浑仪，来测定星星在"鸡蛋壳"上的位置，推演变化规律。

大约在公元前4世纪，我国天文学家应该就已经开始使用"浑仪"了，否则不可能用度数测定恒星的位置。那时的浑仪很简单，可能只是单环，需要装在模拟倾斜的赤道面上使用。到了公元前52年的时候，西汉天文学家、大司农耿寿昌改进了浑仪，加上了恒定的赤道圈。到东汉，傅安、贾逵给浑仪加上了黄道圈，张衡加上了地平圈和子午圈，形成了完整的浑仪。

公元180年前后，大学问家蔡邕曾在上书中说："浑仪可以校正黄道的分度，观测天体的出没，追寻日月的行踪，确定五星的轨迹。这种仪器精微深妙，是可以流传百代而不会改变的。"

这之后，经过孔挺、李淳风、苏颂等人的不断改进，浑仪越来越科学，也越来越复杂，变成许多圆环层层套起来的样子。

浑仪大体由子午圈、赤道圈、地平圈、黄道圈、四游环、望筒、南北极枢轴等构成。四游环上有刻度，人们通过转动四游环来观测浑仪上指示的不同天体。

浑仪是个大家伙，有青铜制的、铜制的，也有铁制的，张衡之后的浑仪大多靠水力驱动。中国的浑仪制造在北宋达到顶峰。北宋覆灭后，其制造技术再也没能超越从前。现在我们可以看到的最早的浑仪实物造于明代，位于南京雨花台。

❂ 浑象——微缩小宇宙

据记载，东汉顺帝的时候，张衡制成了一座计算用的"浑象"，它包括内圈、外圈、南天极、北天极、黄道和赤道，上刻二十四节气、星官、太阳、月亮和五星。这座仪器凭借滴漏的水驱动，与天上天体的实际运行是契合的。

❂ 水运仪象台——古代天文时钟

北宋天文学家苏颂和他的同事们在开封建造了水运仪象台（1090 年左右）。这是一座高大的双层建筑，大约高 12 米，内部有多层楼阁，藏有大量机关仪器，包括动力装置恒时滴漏、报时装置司辰木偶、可调节的浑象，以及一根巨大的传动轴。苏颂说，这台水运仪象台可以观察太阳、月亮和星辰的运动，比如经过调试，望筒可以一直自动朝向太阳。

仪象台的外部有一个露天的浑仪，由传动轴连接到仪象台内部。

水运仪象台还可以报时，只是它不太精确，大约 5 分钟才会跳一次，而且一日之间就存在误差。这在我国古代已经使用滴漏计时的情况下，它的报时是不太准确的，但这是半机械时钟的一次伟大尝试，何况它大约重达 20 吨，在一千年前能做到如此程度已实属不易。要知道，欧洲人罗伯特·胡克在 1670 年才建议制造同类原理的钟机传动望远镜，而第一部这样的装置在 1824 年才完成。

水运仪象台建成的三十年后，金兵入侵汴京，不光掳走了宋朝的皇帝，还将这台伟大的仪器拆开带走了。等到它被运到燕京重新装配时，部件或损坏或丢失，工匠流散，已经无法再安装了。

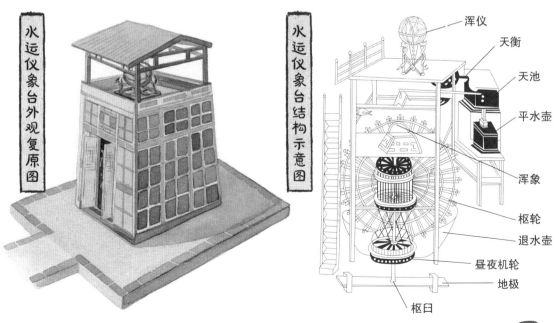

水运仪象台外观复原图

水运仪象台结构示意图

浑仪
天衡
天池
平水壶
浑象
枢轮
退水壶
昼夜机轮
地极
枢臼

星星的历法

古人们很早就发现，从天文变化中可以推演出大自然的规律，把这些规律总结成计算方法就是"历法"。

❀ 《太初历》

西汉初年以前，人们使用古老的《颛顼（zhuānxū）历》，这部历法成书较早，有一定的误差。汉武帝时，著名史学家司马迁及天文学家邓平、唐都、落下闳（hóng）等人遵照汉武帝的命令制定了新历法《太初历》。《太初历》经过精密的测算，得出一年约为365.25天，一个月约为29.5天，精度很高。

《太初历》从太初元年开始实行，一共使用了188年，它的颁布是我国历法的第一次重要改革。

❀ 《大明历》

南朝刘宋大明六年（公元462年），著名数学家、天文学家祖冲之制定出了《大明历》。它的颁布是我国历史上第二次重要的历法改革。《大明历》采用29.5309日为一朔望月，这与我们现代确定的数值仅差一秒，同时加入了"岁差"概念。以《大明历》为准计算出的一年的长度只和现在相差50秒，这是一个十分精确的数值。

祖冲之

◎ 《授时历》

《大明历》从南朝梁天监九年（510年）实施，施行达80年。后来，在唐初的时候，又颁布了被称为第三次历法改革的《戊寅元历》，但因计算方式不同，仅使用了46年。

到了公元1281年，一部新的历法开始颁行，它就是在我国天文学发展过程中具有很高地位的《授时历》。

《授时历》是由元世祖忽必烈下令，官方相关机构"太史院"进行制定的官方历法。这部历法，一是为了校正之前的历法留下的误差；二是为了使辽阔的元帝国使用同样的时间；三是借《授时历》的

推行在思想和文化方面进一步巩固元帝国对新征服地区的控制。《授时历》被认为是第四次历法改革。元朝灭亡后，明朝颁布了《大统历》，但它的本质就是《授时历》，只是换了个名字。如果把《大统历》和《授时历》看作同一部历法的话，它连续施行了364年，直到清顺治二年（公元1645年）颁布了《时宪历》才正式停用。

《授时历》的这次校准后，历法与地球实际公转一周的时间相差仅仅25秒多一点，与我们现在使用的公历精度一致。

清代的午门颁历和进春

清代的每年农历十月初一，负责天文历法工作的钦天监官员在故宫午门前摆放一个大桌案，铺上黄布，把进献给皇帝的《时宪历》（清乾隆帝后改称《时宪书》）恭恭敬敬地呈在黄案上，抬着黄案从午门中门一直走到太和门，再由内侍进献给皇帝。皇帝御览后，便颁布给臣民。

每年立春时分，午门前还会举行热闹的进春礼。臣子们运来泥土做成的"春牛"和隆重点缀的"春山"，在午门前举行仪式，祭祀芒神，祈祷一年风调雨顺、五谷丰登。

也就是说，从远古到最后一个王朝清朝，统治者都十分重视历法的颁布和调整，历法的颁行是决定农业生产和国计民生的要紧事。

天干与地支

很早很早以前，先民通过天文研究，总结出了干（gān）支纪年法，据说这种纪年方式相当古老，古老得人们都不知道它们的名字是从哪儿来的了。后人解释干支，越解释越玄，我们还是从计数的角度，看看干支是做什么用的吧。

干支是两组数字，一组是"天干"，一组是"地支"。天干是10个数：甲，乙，丙，丁，戊，己，庚，辛，壬，癸（guǐ）。地支是12个数：子，丑，寅，卯，辰，巳（sì），午，未，申，酉，戌，亥。所以也叫"十天干""十二地支"。西汉之前，天干和地支的名字中有许多复杂的字，后来才简化成现在这样。

分开使用的话，天干、地支每一组都是序号，更多的时候，天干和地支是配合使用的，合在一起简称为"干支"。10和12两组数字，一一对应，正好可以有60个排列组合。这种组合方式太优秀了。首先，60乘以6的话，恰好与全年天数接近；第二，60除以6，正好是10，和"旬"（一旬为十天）这个单位相同；第三，60天正好是两个月亮周期。

我们猜测，人手有10根指头，"10"这个数字不同寻常；人间一年寒暑有12次月缺月圆，木星的运转周期几乎等于12年，"12"这个数字仿佛从天上掉下来一般，具有神圣的意味。

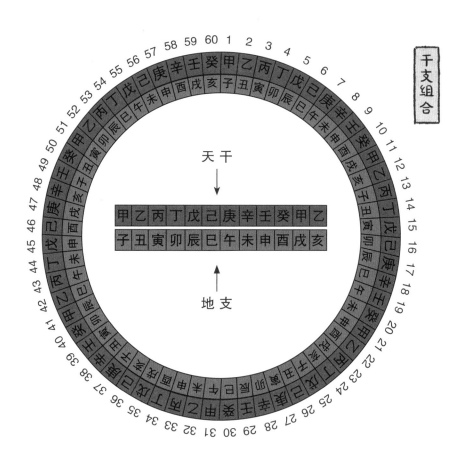

我国从古至今一直采用干支纪年，同时还用来计算月份、日期、时辰。每个小朋友都知道自己的属相是什么，这个"属相"可不就是地支嘛！

🌀 生辰八字

不知道小朋友有没有听过"生辰八字"？古书里或者现在演绎的影视剧里会提到，是指一个人出生的年、月、日、时。年、月、日、时都用干支计数的话，就是八个字。

属相

干支纪年以 60 年为一周期，一周期正好是 5 个地支之数。假设你生于庚寅年，你就属虎。以后每到虎年，长辈就会说："这是你的本命年。"当你从记事起过了 4 次本命年，就又迎来了庚寅年，也就是时光走过了 60 年，"又是一个甲子"。

属相就是十二生肖，和十二地支配合起来，让人觉得好记又好玩。它们是：子鼠、丑牛、寅虎、卯兔、辰龙、巳蛇、午马、未羊、申猴、酉鸡、戌狗、亥猪。

十二生肖最早在东汉就已经有了完整的形态，至于为什么是这十二种动物，可能跟远古时代人们的动物崇拜有关。比如老鼠和人类一直共同生活，偷吃粮食、损坏房屋，给人类带来了不小的麻烦；牛、马、羊、鸡、狗、猪则是"六畜"，它们帮人类劳动，给人类提供了蛋白质，是人们非常重视的六种动物。猴敏捷、虎强大、兔灵巧、蛇令人畏惧，更不要说神话传说中的龙了，这些都很可能是远古部落的崇拜对象。

天与地

天上有日月星辰，这些被叫作"文"，因此关于天空星象的记载和研究这些的学科在后世被叫作"天文"；而地面上有山川河流，这些被统称为"理"，因此后世把关于地上山川河流的详细记载以及研究这些的学科称作"地理"。

◎ 地图

从最早的文字开始，人们就尝试描绘出大地上的事物，比如"山"就是远处的山峰，"川"就是水奔流的样子，"田"就是规划好的土地，"国"就是有守卫和宫室的地方。而甲骨文及金文里的"图"字，实际上应当代表地图，后来"图"才用来表示其他的图画。据说夏朝天子专属的"九鼎"上就铸有神秘的山川河流图案，很可能是地图。九鼎象征九州，也指代天下，拥有九鼎的天子就是天下的主人。

地图跟经济有关，也跟战争和政治有关，所以，地图在古代只有皇帝和受命出征的将领才能够拥有。西汉淮南王刘安谋反，他可

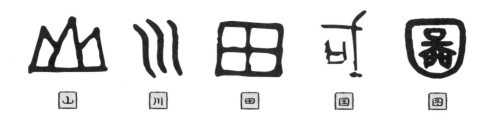

山　川　田　国　图

皇帝的地图

是汉武帝的叔叔，但罪状里就有私绘地图和使用地图一项，普通老百姓更是不可能像现在这样在家里面挂一幅地图。

统治者用地图做什么用呢？在"图穷匕现"这个故事中，燕国送给秦国一片肥沃的土地，荆轲就带着画有这片土地的地图借机接近秦王，并用地图里藏着的匕首行刺。秦王放下戒心招待荆轲，也是因为这张地图上所绘的，乃是他想要得到的一片疆土。

唐代的时候，因为疆域广大，古代地图绘制工作与规模都有了质的飞跃。唐代制图学家贾耽（730—805 年）奉命绘制大地图，从 785 年一直工作到 801 年才完成。这张地图叫《海内华夷图》，图长 10 米，宽 11 米，总面积 110 平方米。《海内华夷图》不光是当时的中国地图，同时还包含了周边许多国家，应当是一幅亚洲地图，这在世界制图史上具有非凡的意义。

地图的扩大

秦王政统一六国时收集了六个国家的地图，再加上秦国自己的，秦国让九州的地图重新合在了一起。到了汉武帝刘彻的时候，国家的版图扩大了。这给西域边陲带来了和平繁荣，也促进了亚洲、欧洲、非洲许多国家的交流和发展。

◉ 出使西域

西汉皇帝汉武帝刘彻为了从根本上断绝匈奴对汉朝边境的骚扰，派张骞（qiān）带领团队出使大月氏（zhī），以联合大月氏的军事力量。

张骞第一次出使历经十二年，其间有十年被扣留在匈奴。他到达了西域的大宛（yuān）国，也就是今天的中亚费尔干纳盆地。这个国家盛产葡萄、哈密瓜，还有汉朝非常需要的优质马种——汗血宝马。随后，张骞一行又在大宛派出的向导引领下找到了西域的另一个国家——康居。康居在大宛西北方向约一千公里，位于现在新疆的北部边境和中亚的一部分地区。康居国王明确表示愿与千里之外的汉朝进行友好往来。在康居补充过给（jǐ）养之后，张骞再次踏上前往大月氏的旅程，在向导的指引下终于找到了大月氏。但那时的大月氏已占有了富庶的土地，不想再打仗了，所以张骞没有实现联合大月氏的军事目的，但实现了中原同西域的和平往来。这之后，张骞又历经千辛万苦，终于返回汉朝，汉武帝十分高兴。张骞向汉武帝报告了他这一路上关于西域的见闻，包括这些国家的人口、风俗、法令、地理位置等等。这些资料是当时的汉朝最急于了解的。在集中汇总之后，汉朝更新了官方的地图，直接地影响了汉武帝对于匈奴的军事行动。

张骞出使西域

五　岳

　　上古传说里，"山无大小，皆有神灵"——大山有大神，小山有小神，岳就是高山大神。我国有五岳，也就是五座有着特殊意义的山，它们分别是中岳嵩山（海拔 1491.71 米，位于今河南省郑州市登封市）、东岳泰山（海拔 1532.7 米，位于今山东省泰安市泰山区）、西岳华山（海拔 2154.9 米，位于今陕西省渭南市华阴市）、南岳衡山（海拔 1300.2 米，位于今湖南省衡阳市南岳区）、北岳恒山（海拔 2016.1 米，位于今山西省大同市浑源县）。

泰山"五岳独尊"景观石

🌀 封禅

前面说到汉武帝雄才大略，开创了不世之功，在中国历史上第一次让匈奴俯首称臣。

本来他刚登上皇位的时候，大臣们就劝他"封禅（shàn）"，后来因为事情耽搁了。继位之初，大臣们提出封禅，有些吹捧的意味。三十年后，汉武帝确实做出了很多了不起的成绩，可以名正言顺地封禅了。

封是祭天，禅是祭地。古代帝王在太平盛世、天降祥瑞的时候，会举行祭祀天地、证明自己统治正当的仪式。古人认为泰山最高，那么去感谢天帝当然是要去这个最高的地方了。感谢地神则是在泰山脚下的小丘上建坛行礼。

封禅是古代皇帝最重要的礼仪。

历史上进行过泰山封禅的皇帝有秦始皇、汉武帝、汉光武帝、唐高宗、唐玄宗和宋真宗；中国历史上唯一的女皇武则天也曾经封禅，不过没有在泰山，而是在中岳嵩山。

🌀 东岳泰山

泰山位于山东省中部，又称"岱山""岱宗"，有"天下第一山"之称，是五岳之首。先秦时期人们就已经十分推崇泰山了，那时它被叫作"太山"或者"大山"（当时"太""大"两个字是通用的）；

甚至金文的"太"字就以简笔描绘了泰山的高大和巍峨。后来经过春秋战国，我们的先人从"太山"这个名字上进行引申和解释，终于演变成了今天的名称——泰山。泰山最早被写在书里是在《尚书》中的《舜典》一节，书上记载"三皇五帝"之一的舜曾经到过这里。从此以后，泰山不断出现在各类地理和历史书中。

🌀 泰山鸿毛

泰山是五岳之首，堂堂大山；鸿毛是大雁的毛，羽毛而已。泰山、鸿毛放在一起比较，指轻重差别极大，引申为意义天差地别。这个词语出自汉代司马迁的《报任安书》："人固有一死，或重于泰山，或轻于鸿毛。"

🌀 华山如立

古人论五岳形势，有"泰山如坐、华山如立、嵩山如卧、恒山如行、衡山如飞"之语，其中"华山如立"指的就是华山之险。华山在五岳之中海拔高度为第一，五峰峭（qiào）立，高耸入云，陡如刀削，险峻难登。华山诸峰似巨灵神的"仙掌之形，莹然在目"，有一峰就被称为"仙人掌"。汉武帝见到"仙人掌"峰，便命人立巨灵祠以供祭祀，巨灵祠就是后来的"武帝祠"。

西岳华山

位于陕西省华阴市的华山是五岳中之"西岳"。在传说里，华山是黄帝和神仙们集会的场所，所以华山总是同神仙故事相关。"中华"的"华"就取自华山，这里被认为是中华民族源起的根。

求仙

行经华阴

【唐】崔颢

岧峣（tiáoyáo）太华俯咸京，天外三峰削不成。

武帝祠前云欲散，仙人掌上雨初晴。

河山北枕秦关险，驿路西连汉畤（zhì）平。

借问路旁名利客，何如此处学长生？

诗意：在高峻的华山上俯视京都长安，高耸入云的三峰就是大自然的鬼斧神工。武帝祠前的乌云将要消散，雨过天晴，仙人掌峰一片青葱。秦关北靠河山地势多么险要，驿路往西连着汉畤。借问路旁那些追名逐利的人，为何不在此访仙学道求长生？

⌬ 中岳嵩山

在中华"九州"里，今天的河南省位于豫州，因为地理位置居中，所以也被称为"中州"。嵩山所在的位置就在中州，据说周公测日影得出结论，嵩山是大地的中心，它东接五代都城汴梁，西连九朝古都洛阳，是中华民族的发祥地之一。四千多年前，大禹在这里建立了号称"天地之中"的夏朝，嵩山的两部分太室山和少室山，传说分别是大禹的两位妻室居留之所。

佛教名寺少林寺就位于嵩山少室山北麓。少林寺始建于北魏，兴盛于唐朝，名满天下。少林寺旁还有从唐朝始建的塔林，这些石塔有两百五十多座，是少林寺历代住持的墓地，也是世界级宗教、建筑、文化遗产。

山呼万岁

《史记》里记载，汉武帝来到嵩山脚下，忽听远处传来呼喊"万岁"的声音，问旁边的人，都不知道是谁喊的。后来有人说这是嵩山在喊"万岁"，汉武帝非常高兴，马上下旨祭祀嵩山，从此就有了"嵩呼万岁""山呼万岁"这两个成语。

封禅嵩山

武则天当了皇帝之后，曾在中岳嵩山封禅。为什么不在泰山呢？因为她自称周朝后人，而嵩山是周朝的圣山，在这里封禅更加名正言顺。武则天把嵩山改称"神岳"，在太室山行封礼祭天，在少室山行禅礼祭地，改年号为"万岁登封"，将嵩山所在的嵩阳县改为登封县，还尊嵩山的山神为"神岳天中黄帝"。嵩山让武则天的形象更加高大，她也成就了嵩山崇高的地位。

武则天

北岳恒山

恒山需要分成两部分来介绍。古恒山在今天河北省保定市曲阳县，人们也管它叫"大茂山"，汉、宋时因为避皇帝的名讳，而改叫"常山"。

明代开始以现在山西省大同市浑源县境内的恒山为北岳，清代移祀北岳于此，亦称"太恒山""元岳"。主峰叫"玄武峰"，在浑源县东南部，气势雄伟，悬空寺、虎风口、北岳朝殿等古迹大多集中在这里。

为什么恒山会有古今之别呢？因为恒山的地理位置靠北，战乱频发，甚至有失去北岳的情况，再加上民间讹（é）误，造成了历史上恒山的位置原本就有出入。比如明代官修的地理记录《寰宇通志》里，就记载了两个不同地理位置的恒山。

南岳衡山

衡山在今天湖南省东南部，是著名道教、佛教圣地。相传火神祝融死后葬在这里，如今衡山最高峰仍叫"祝融峰"。

衡山有山峰 72 座，其中祝融峰、天柱峰、芙蓉峰、紫盖峰、石廪（lǐn）峰尤其秀美。

火神祝融

母亲河

小朋友们都知道，人类生存离不开水，所以原始人类一定会选择在河流、湖泊旁边定居。人们常说黄河是中华民族的母亲河，确实，因为黄河孕育了古老的中原文明，是古代文化发展的核心。其实不只是黄河，中华大地上大大小小的河流、湖泊孕育了多种多样、繁荣复杂的文明，正是这些多样化的文明共同构建了伟大的中华文明。

黄河

黄河位于中国北部，全长约 5464 千米，流域面积 75.2 万平方千米，黄河及其支流汾河、洛河、渭河等滋养了半个中国。

黄河发源于青藏高原，自西向东流经 9 个省和自治区，从山东省北部注入渤海。之所以称黄河为母亲河，是因为中国最早的旧石器文明之一蓝田遗址在这里被发现，新石器时期的仰韶文化、龙山文化等均在黄河流域孕育。那时的黄河水量充沛、水质清澈，适合人们饮用和灌溉，两岸土地肥沃，遍布繁茂的原始森林。黄帝、炎帝及他们领导的华夏族先民在这里繁衍，成了中华文明的创造者。

春秋时就有史料记载说黄河水开始逐渐浑浊，到西汉与东汉交际的时候，黄河水中的泥沙含量骤增，从原来的略微有点浑浊演变成了"一石（dàn）水而有六斗泥"的浑水（石是旧时的容量单位，一石等于十斗）。黄河的泥沙含量急剧增加，河水变得越来越黄，最后它的名字从"河"变成了"黄河"。在黄河下游地区，泥沙的沉积改变了河道，黄河变得曲曲弯弯，有"黄河九曲"之说。同时，黄河的河床变得越来越高，时常决口。史料记载，历史上黄河下游决口泛滥有一千五百多次，大规模的黄河改道发生了二十多回。因此，历朝历代都把防治黄河的水患和赈济灾民作为重中之重。

长江

长江是世界第三长河，亚洲第一长河，与黄河一样发源于青藏高原，自西向东流淌。长江流经中国中部11个省、市、自治区，在上海市注入东海，全长6387千米。长江较大的支流有雅砻（lóng）江、岷（mín）江、嘉陵江、乌江、湘江、沅江、汉江、赣（gàn）江等8条，流域面积均在8万平方千米以上。

黄河九曲

200万年前，巫山人（中国境内迄今发现的最早的古人类）在长江三峡一带生活繁衍。在长江下游，重要的河姆渡文化、马家浜（bāng）文化、良渚（zhǔ）文化出土了大量原始农业遗存。长江流域是早期人类生存进化的重要地区。

随着文明发展，长江流域成了中华文化发展的沃土。当我们吟诵"两岸猿声啼不住，轻舟已过万重山""孤帆远影碧空尽，唯见长江天际流"这些诗句时，请一定记得，这都是千百年来，长江刻进中国人骨子里的非凡影响。

共同的母亲

除了长江和黄河，松花江、辽河、淮河、珠江等许许多多水系缔造了各个流域的文明。比如距今五六千年的红山文化就诞生在辽河流域。几百万年来，这些丰沛的水系滋养了整个中华大地，人们依水而居，以水为姓，礼敬水中的神明，这些水系是我们共同的母亲。

沧海桑田

东晋葛洪写了一部《神仙传》，书里收录了好多神仙的故事。其中写道，仙人麻姑到蔡经家赴宴，谈起路上见闻，麻姑说："成了神仙之后，我已经看到东海三次变为桑田了。上一次到蓬莱仙岛时，我就发现海水已经比从前少了一半了，看来东海似乎将再一次变成陆地。"仙人方平笑着说："圣人们都说，沧海总会变得尘土飞扬。"后人用"沧海桑田"这一词语比喻世事变化很大。

我国古代有种观点，认为大地是大海变的，天地之间原本只有水和火，水中沉重混浊的东西变成了大地，火中清明轻飘的东西变成了风、雷电、日、星。古人还观察到山峦如波涛起伏，仿佛凝固的海浪，山上甚至还可以发现螺蚌的化石，这不恰好证明了大地是大海变的吗？

现在我们知道，因为地壳（qiào）运动，地层隆起，海底是可以升起变为高山的，哪怕是号称"世界屋脊"的喜马拉雅山脉，也有大量鹦鹉螺化石出土，证明那片土地曾经处于海水之下。我国古代的哲学家，用一种近乎浪漫的语言解释了这一地质变化。

曹操看到的那片海

曹操是中国历史上的一代枭雄，曹魏的奠基人。东汉末年群雄逐鹿，曹操以弱胜强，战胜袁绍，其后逐渐控制北方地区。建安十二年（207 年），曹操率军攻打北方的乌桓（huán），得胜而归，中途经过今天的河北省昌黎县，登上了碣石山，面朝大海，心中的感慨汹涌澎湃，留下了千古名篇《观沧海》。

通过地图我们可以知道，我们国家有着漫长的海岸线，而当时曹操所观的沧海就是渤海。渤海因为在我国北边，古时也被称为"北海"，约在春秋战国时也有"勃海"之称；直到元朝，"勃海"被改成了"渤海"，这个名称一直使用到了现在。

碣石山距秦皇岛和山海关不远。秦皇岛就是以秦始皇命名的，据说这里是当年秦始皇派人出海求仙的地方。山海关则是明长城东边的起点，是一处重要关隘，被称为"天下第一关"。

除了渤海之外，黄海、东海、南海都属于我国的四大海域。

郑和船队

◉ 航海图

明初（15世纪初），郑和率船队七下西洋，穿越南海到达印度洋周边许多国家，大大促进了当时的海外交流，丰富了中国人对地理的认知。

当时的人对郑和航海的评价是这样的："大明朝的航海功绩前无古人，远在天边的各国都臣服于明朝。地处极西和极北的国家，不论它们是多么遥远，距离和路程都在我们掌握之中。所以，海外各部族虽远隔万里，都派人带了珍贵的礼物前来朝贡。大明皇帝为了奖赏他们的忠诚，命令郑和率领官兵数万人，乘大船百余艘，依次去向他们赠送礼品，借以宣扬皇帝德行，向他们表示友好。从永乐三年（1405年）到现在，已是七次出使西洋了。"

明天启元年（1621年）刊印的《武备志》一书中，印有根据郑和的航海记录绘制的航海图。这张航海图与今天的地图差别很大，是图解式的地图，图里的印度洋变成了一长条，上方也不是北，而是东。图中可以看到印度西部、阿拉伯地区、波斯湾和红海入口，编号清晰地标明了诸多国家的位置，为往返提供了航线参考，并标明用"更数"为单位计算的距离。一"更"相当于 2 小时 24 分航程，十"更"是顺风情况下一昼夜所行驶的距离。

可惜的是，虽然与地理大发现处于同一时期，但因为客观条件限制，郑和与他庞大的船队没有到达更远的地方，也没有在七次远航中获得更多的利益。欧洲多国品尝了地理大发现的硕果，中国却在这之后渐渐走上另一条道路。

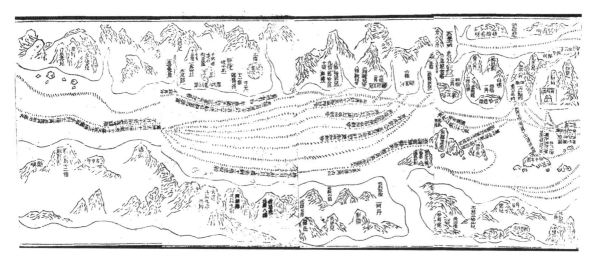

《武备志·郑和航海图》局部

古人眼中的奇幻世界——《山海经》

在更早的时候，古人航海的技术水平还比较有限，很难到很远的海外去。不过，这不妨碍人们用想象力为自己插上翅膀。

《山海经》大约成书于先秦时期，是一部记录远古神话传说中山川地理知识等的著作。《山海经》原书一共有二十二卷，我们现在可以看到十八卷，包括《山经》五卷、《海经》十三卷。我们耳熟能详的"夸父逐日""女娲补天""精卫填海""共工触山"等神话就出自《山海经》。除此之外，还有一些矿物、植物、动物的探索记录，以及关于山海地理的笔记。

精卫

文鳐

《山海经》

赢（luǒ）鱼

陵鱼

氐（dǐ）人国

何罗鱼

☁ 《山海经》中的地理

《山海经》里面记载了大量神话和奇怪生物，我们可以将它当作神话作品来读，许多学者对这一部分进行研究时，会考证世界范围内的神话流传和交融，也是很有意思的事情。

同时，一部分学者也认为，《山海经》里提到的许多地方是可以考证的，一些矿物和动植物知识也是真实的。比如，书中所说的文身国，极有可能是千岛群岛附近有文身风俗的部落，白民国和毛人很可能是日本北海道地区的原住民阿伊努族。

《山海经》系统地按照南、西、北、东、中的次序，以这些地方的山川水系作为编写的主线，每一篇又根据方位延展开来。如果你想画出《山海经》地图，就要一篇一篇连着读，随时在纸上画出它们的位置。

☁ 刘歆与《山海经》

我们现在能看到的《山海经》图书署名"刘歆（xīn）"，但其实刘歆并不是作者，而是最早对《山海经》进行系统整理的人，是一位西汉学者。关于《山海经》的作者至今难以定夺。现代许多学者认为，正是经过刘歆和他的父亲刘向的整理，《山海经》才有了今天的体系和书名。

民间旅行家的游记

明朝末年有这么一位旅行家，他花费了三十年时间游览了祖国的名山大川，写下了一部足足有 60 万字的游记，这本游记在中国地理上具有重要的意义。这位旅行家就是徐霞客，他写的那部游记被后世称作《徐霞客游记》。

◎ 徐霞客

徐霞客（1587—1641 年）是明代著名地理学家、旅行家。《徐霞客游记》生动、准确、详细地记录了明朝疆域内丰富的自然资源和地理景观，为历史地理的研究提供了许多重要资料，具有极高的参考价值和重要意义。

《徐霞客游记》内容十分广泛、丰富，既兼顾了自然地理，详细记载了他对山川河流、地形地貌的考察以及对于全国各地奇峰、异洞、

徐霞客

瀑布、温泉的探索，还关注了手工业、矿产、农业、交通运输、城市布局等人文地理的内容，以及各地的风土人情、民族关系和边陲防务等，为我国自然地理和人文地理的研究都提供了以实地考察为基础的珍贵资料，这部游记也是我国地理学上首次以文字来科学描述自然。

徐霞客系统地考察了我国的岩溶地貌（即喀斯特地貌），撰写了世界上最早的有关岩溶地貌的珍贵文献。徐霞客在世界地理的研究上开创了新的研究方法，也推动了我国古代地理研究的进步。

郦道元

郦道元是北魏时人，他很小的时候跟随父亲考察水道，游历过秦岭和长城以南到淮河以北的广大地区。童年的经历使他对水文产生了浓厚的兴趣。等他当了御史中尉之后，接触到了

郦道元

一些水文资料，他发现官方的水文资料《水经》存在很多问题，而且字数只有一万多，很多事情都没说明白。于是他就在当官的这些年里，潜心研究那部《水经》，做了系统整理，给它写了一部注，就是《水经注》。

《水经注》

《水经注》是《水经》的注书，但它的体量远远超出了《水经》。《水经注》共有四十卷，三十多万字，以《水经》一书作为全书的纲要，系统地补充和整理了一千多条大小河流的水文资料、沿途的历史遗迹、相关的人物故事以及当地的神话传说等。除此之外，《水经注》还收录了一些著名的碑文和当地渔民打鱼时唱的歌谣，文笔十分清丽，是中国历史上最全面、最系统的综合类地理著作，还因为文笔优秀在文学界受到高度评价。

《水经注》对于中国地理学的发展有着重要作用，但是因为郦道元是北朝人，难以到敌对的南朝去，所以对南方水系的记录有些简单。唐代史学家杜佑在《通典》中还指出了《水经注》中关于黄河河源的问题存在错误。另外，郦道元还引用了一些真实度不高的地理文献，以致书中出现了一些错误。

当然，如此详细的一部著作，受到当时时代和政治条件的限制，存在错误也是正常的，并不影响它在地理研究中的价值。